KB239747

엄마, 아빠가

___________________ 에게

글·**글공작소**

어린이 책 전문 창작 모임으로, 우리 아이들에게 꼭 필요한 글을 다양한 분야에 걸쳐 연구·집필하고 있습니다. 출간 도서로는 『똑똑한 논리 탈무드』, 『성격과 기질로 알아보는 어린이 직업백과』, 『성격과 기질로 알아보는 롤모델 인물백과』, 〈다시 쓰는 우리명작〉 시리즈, 〈공부가 되는〉 시리즈, 『똑똑한 아이 낳는 태교 동화』 등이 있습니다.

똑똑한 아이낳는 태교 명화

초판 1쇄 발행 2011년 10월 26일
초판 2쇄 발행 2012년 3월 19일

엮은이 글공작소

책임편집 윤소라
책임디자인 노민지

펴낸이 이상순
주 간 서인찬
편집장 박윤주
기획편집 주리아
디자인 김수원
마케팅 홍보 김미숙, 이상광, 공경태, 모계영, 박순주

펴낸곳 (주)도서출판 아름다운사람들
주소 (413-756) 경기도 파주시 교하읍 문발리 파주출판문화정보단지 534-2
대표전화 (031)955-1001 **팩스** (031)955-1083
이메일 books777@naver.com
홈페이지 www.books114.net

ⓒ2011, 글공작소
ISBN 978-89-6513-114-4 13590

똑똑한 아이 낳는 태교 명화

엮음 글공작소

추천 오양환 (前 하버드대 교수)

아름다운사람들

Contents

1
심미성

미적 감수성을 길러 주세요

2 안정성

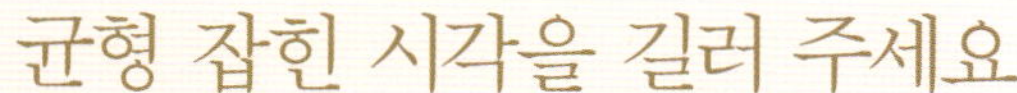

균형 잡힌 시각을 길러 주세요

3 포용성

풍부한 정서력을 길러 주세요

4 표현성

창의적으로 소통하는 힘을 길러 주세요

똑똑한 아이 낳는 행복한 태교의 시작

"배 속에서의 열 달 가르침이 스승의 십 년 가르침보다 낫다"라는 말이 있습니다.
　그만큼 태교가 중요하다는 말이겠지요. 이 말이 그저 어르신들의 가르침이 아니라는 것을 말해 주는 연구 결과가 있습니다.
　태아의 지능은 48%가 유전자, 나머지 52%는 자궁 내 환경으로 결정된다고 합니다. 태아의 뇌는 임신 초기부터 지속적으로 발달하여 출산 시에는 성인과 거의 비슷한 수준까지 완성됩니다. 이때 산모가 듣고 보고 느끼고 생각하는 모든 것들은 태아의 뇌에 기록됩니다. 그러니 열 달 태교가 스승의 십 년 가르침과 맞먹는다는 것이 그저 과장된 이야기만은 아닌 것입니다.

똑똑한 아이를 낳고 싶은 것은 모든 산모들의 바람일 것입니다.
　동서양의 모든 태교법은 산모가 행복하고 즐거운 것이 먼저라고 충고합니다. 똑똑한 아이를 낳기 위해서는 먼저 산모가 행복해야 한다는 뜻입니다. 그 다음은 산모의 바른 마음과 생각을 강조합니다. 그것이 태아의 정서와 두뇌를 발달시키는 근본입니다.

그래서 예로부터 위인들의 어머니들은 아름답고 상서롭게 여겨지는 물건과 그림을 가까이 두고 자주 보았다고 합니다. 명화를 보는 것은 산모와 태아의 교감을 높여 태아가 풍부한 감수성과 포용성을 갖는 좋은 태교 방법입니다. 산모가 명화를 보며 정신

적·신체적으로 편안한 마음을 유지하여 자신이 보고 느낀 생각을 태아에게 말로 표현해 주면 태아는 시각·청각적 자극을 받아 감성이 풍부해질 뿐만 아니라 사회성과 상상력을 기를 수 있습니다.

『똑똑한 아이 낳는 태교 명화』는 태교에 적합한 부드럽고 풍부한 색채의 명화를 엄선했습니다. 그리고 그림 감상과 함께 태아에게 들려주는 사랑과 지혜의 글들은 태어날 아기에 대한 엄마 아빠의 사랑과 소망이 가득 담겨 있습니다. 또한 산모와 태아 모두가 안정된 감성을 유지하고 태아의 사회적·예술적 감각을 키울 수 있도록 네 가지 테마로 구성했습니다.

- 미적 감수성을 길러 주는 **심미성**
- 균형 잡힌 시각을 길러 주는 **안정성**
- 풍부한 정서력을 길러 주는 **포용성**
- 창의적으로 소통하는 힘을 길러 주는 **표현성**

이 네 가지 테마로 나뉜 명화를 평화로운 기분으로 감상해 보세요. 사랑하는 태아와 산모가 따뜻한 교감을 나누고, 나아가 태아의 감성을 발달시키는 데 도움이 되는 행복한 태교의 밑거름이 될 것입니다.

前 하버드대 교수
오양환

1
심미성

미적 감수성을 길러 주세요

내 눈은 에메랄드, 가느란 눈썹
금발 머리카락, 오뚝 선 콧날
희디흰 목덜미, 토실토실한 턱
나는 나는 정말로 어여쁜가 봐?

사랑의 신

루쉰 |중국, 1881~1936, 문학가·사상가 |

공중에 날개 편 꼬마 천사
한 손에 화살 들고 시위를 당긴다
웬일일까 알지 못해도 한 방의 화살이
가슴에 박힌다
"꼬마 천사님 고마워요.
제게 사랑의 씨앗을 심어 주셔서!
하지만 제게 말씀해 주세요.
전 누구를 사랑해야 하는 거죠?"
천사는 고개를 설레설레 흔들며 당황해서 말한다
"아!
당신도 마음이 있잖아요.
결국 그런 말씀을 하다니요.
그대가 누굴 사랑해야 하는지 제가 어찌 알겠어요.
제 화살은 멋대로랍니다!
그대가 누군가를 사랑하신다면
생명을 바쳐 그이를 사랑하세요.
만일 그대가 누구도 사랑하지 않는다면
스스로 생명을 버릴 수도 있겠지요."

활을 만드는 에로스, 파르미자니노,
1533~1534년, 목판에 유채, 135×65.3㎝,
빈 미술사 박물관, 오스트리아 빈

이탈리아 파르마 출신의 화가
파르미자니노의 〈활을 만드는 에로스〉는
미의 여신 비너스의 아들 에로스가
활을 만드는 모습을 그린 작품이다.
나무를 깎다가 고개를 돌린 에로스의
다리 사이로 장난치는 두 소년이 보인다.

소녀의 자화상

데샹 |프랑스, 1346~1406, 문학가|

나는 나는 정말로 어여쁜가 봐?

이마는 환하고 얼굴은 곱고
입술은 연분홍빛이라고
스스로 그렇게 생각하는데
내가 정말 어여쁜지 말해 주세요

내 눈은 에메랄드, 가느란 눈썹
금발 머리카락, 오뚝 선 콧날
희디흰 목덜미, 토실토실한 턱
나는 나는 정말로 어여쁜가 봐?

붉은 옷의 왕녀 마르가리타, 벨라스케스, 1653년경, 마포에 유채, 128.5×100㎝, 빈 미술사 박물관, 오스트리아 빈

에스파냐 출신의 벨라스케스는 바로크 시대의 대표 화가로 후대 인상주의, 사실주의 화가들에게 영향을 끼쳤다.
〈붉은 옷의 왕녀 마르가리타〉는 펠리페 4세의 딸 마르가리타를 그린 작품이다. 궁정 화가로 펠리페 4세와 친분이 있던
벨라스케스는 마르가리타 공주를 매우 귀여워했다. 하얗고 통통한 뺨의 사랑스러운 공주를 잘 그려 냈다.

질문과 대답

『탈무드』

스승과 제자의 질문과 대답이다.

"인간의 입이 하나, 귀가 둘이다. 왜 그렇겠는가?"

"말하는 것보다 더 많이, 잘 들어야 한다는 뜻입니다."

"인간의 눈은 흰 부분과 검은 부분이 있다.

그런데 왜 검은 부분으로 세상을 보겠는가?"

"세상을 어두운 면에서 보는 편이 좋기 때문입니다.

밝은 면에서 보면 지나치게 낙관적인 생각을 갖게 되므로,

그로 인해 교만해지지 않도록 경계하기 위함입니다."

"네 인생이 어두울지라도, 네 현실이 눈동자처럼 캄캄하다고 할지라도

결코 낙심하거나 좌절하지 마라. 오히려 그 어두움을 통해

밝은 미래를 바라볼 수 있게 될 것이다."

진주 귀걸이를 한 소녀, 베르메르, 1666년, 캔버스에 유채, 44.5×39㎝, 마우리츠호이스 왕립 미술관, 네덜란드 헤이그

네덜란드의 대표 화가 베르메르는 부드러운 빛과 색깔의 조화를 통해 고요함과 평화로움이 느껴지는 작품을 많이 그렸다.
〈진주 귀걸이를 한 소녀〉는 베르메르의 대표작으로 '북유럽의 모나리자', '네덜란드의 모나리자' 등으로
불리며 사랑받고 있다. 소녀의 귀에 걸린 커다란 진주 귀걸이 외에 명확히 드러난 것이 없어 신비로움이 느껴진다.

아이에게 배우라

톨스토이, 『살아갈 날들을 위한 공부』 중 ㅣ러시아, 1828~1910, 문학가ㅣ

어린아이들은 모든 사람을 똑같이 대하면서
진정한 평등이 무엇인지 보여 준다.
반면 어른들은 부자나 유명인은 추종하면서
가난한 사람을 무시한다.

다른 사람들이 자기 자신보다
훌륭하다고 여기며 대한다면
모두와 잘 지낼 수 있다.

어린아이는 다른 아이를 만날 때
신분이나 인종에 상관없이
다정한 미소를 짓는다.

창가에 기댄 소년, 무리요, 1670~1680년, 캔버스에 유채, 52×38.5㎝, 런던 내셔널 갤러리, 영국 런던

에스파냐의 화가 무리요는 17세기 에스파냐 바로크 회화의 황금시대를 대표하는 화가로서 감성적인 그림으로 유명하다.

〈창가에 기댄 소년〉은 창가에 기대고 있는 가난한 소년을 소박한 모습으로 나타낸 작품이다.

화려한 색이나 장식 하나 없이 부드러운 느낌을 살려 티 없이 밝고 순수한 소년의 모습이 따뜻해 보인다.

포기하지 마라

에드거 게스트 |영국, 1881~1959, 문학가|

일이 잘 풀리지 않을 때
험한 비탈길을 힘차게 오를 때
웃고 싶지만 한숨지어야 할 때
주변의 관심이 도리어 부담스러울 때
필요하다면 쉬어 가야지.
하지만 포기하면 안 돼.

인생은 우여곡절 굴곡도 많은 법.
사람이면 누구나 깨닫는 것이지만
수많은 실패도 알고 보면
계속 노력했더라면 이루었을 일.

그러니 포기는 말아야지.
비록 지금은 느리지만
한 번 더 노력하면 성공할지 뉘 알까?
성공은 실수와 안팎의 차이
의심의 구름 가장자리에 빛나는 희망

목표가 얼마나 가까운지는 모르는 일.
생각보다 훨씬 가까울지도 모르지.
그러니 얻어맞더라도 계속 싸워야지.
일이 안 풀릴 때야말로 포기하면 안 되지.

유크번 부인과 세 아이들, 레이놀즈, 1773년, 캔버스에 유채, 141×113㎝, 런던 내셔널 갤러리, 영국 런던

영국의 초상화가인 레이놀즈는 주로 어린이는 천진난만하게, 여성은 우아하고 아름답게 표현하였다.

〈유크번 부인과 세 아이들〉은 유크번 경의 두 번째 아내인 코넬리아와 그녀의 세 아들을 그린 작품이다.

신비로운 표정의 어머니와 천사 같은 세 아들이 매우 다정하게 표현되어 있다. 뒤쪽 배경의 하늘이 그림에 생기를 불어넣는다.

세상에서 가장 강한 것

『탈무드』

세상에는 강한 것이 열두 가지 있다.

우선 돌이 강하다. 그러나 돌은 쇠에 깎인다.

그리고 쇠는 불에 녹아 버린다.

불은 물에 꺼지며, 물은 구름에 흡수되고, 구름은 바람에 날린다.

그러나 바람도 인간을 날려 보내지는 못한다.

그러나 그 인간도 괴로움에는 참혹하게 꺼져 버린다.

괴로움은 술을 마시면 사라지고, 술은 잠을 자면 깨지만,

잠도 죽음만큼 강하지는 않다.

그러나 그 죽음조차도 사랑을 이기지는 못한다.

에로스와 프시케, 제라르, 1797년, 캔버스에 유채, 186×132㎝, 루브르 박물관, 프랑스 파리

프랑스의 화가인 제라르는 다비드의 제자로서 신화, 역사와 관련된 그림과 초상화를 많이 남겼다.
〈에로스와 프시케〉는 그리스 신화의 프시케와 에로스의 사랑 이야기를 바탕으로 그린 작품이다. 프시케는 호기심 때문에
비너스의 마지막 시험에서 죽음과 같은 잠에 빠졌다가 에로스의 입맞춤으로 되살아난다.

물이 새는 물통

옛날 매일 물통을 메고 멀리 떨어진 우물에서 물을 퍼 오는 사람이 있었다.

그가 사용하는 물통은 두 개였는데,

한 개는 멀쩡했지만 다른 하나는 물이 새는 것이었다.

그는 매번 물통에 물을 가득 채워 집으로 돌아갔지만

물이 새는 물통은 늘 물이 절반밖에 남아 있지 않았다.

물이 새는 물통은 자신이 쓸모없이 여겨져 어느 날 주인에게 말했다.

"주인님, 저 때문에 매일 주인님이 길어 온 물이 절반밖에 안 남네요.

정말 죄송해요. 차라리 저를 버리고 새 물통으로 바꾸세요."

그러나 주인은 다음번에 물을 길으러 갈 때 주위를 잘 살펴보라고 말했다.

다음 날 물이 새는 물통은 놀랄 수밖에 없었다.

길가에는 온통 예쁘고 앙증맞은 꽃이 수놓은 듯 피어 있었기 때문이었다.

스스로 아무 쓸모 없다고 생각했던 물통은 사실

길가를 가꾸는 데 더없이 편리한 도구였던 것이다.

조로를 든 소녀, 르누아르, 1876년, 캔버스에 유채, 100×73㎝, 워싱턴 내셔널 갤러리, 미국 워싱턴

프랑스의 인상파 화가인 르누아르는 원색을 사용한 풍부한 색채 표현으로 유명하다. 다른 인상파 화가들에 비해
르누아르는 사람을 주제로 많은 그림을 그렸다. 〈조로를 든 소녀〉는 조로를 들고 뜰에서 노는
소녀의 모습을 그린 작품이다. 아이에 대한 르누아르의 애정이 부드러운 붓 터치로 나타나 있다.

오래 간직한 꽃병

네덜란드 로테르담의 어느 작은 마을에서 잔치가 벌어졌다.

그 잔치는 바로 반평생을 함께 살아온 노부부의 결혼 50주년을 축하하는 자리였다.

이웃 사람들은 노부부가 싸우거나 서로 헐뜯는 것을 한 번도 본 적이 없었다.

잔치가 열리던 날, 노부부의 집에는 많은 이웃으로 북적였다.

노부부의 집은 매우 깔끔했는데 거실 탁자 위에는 깨진 꽃병이 놓여 있었다.

이웃 몇 명이 꽃병을 치우려 하자, 할머니가 말리며 말했다.

"이 꽃병 덕분에 이제까지 남편과 살아올 수 있었지요.

남편에게 실망할 때나 어려움에 빠졌을 때 이 꽃병이 나를 지켜 주었어요.

51년 전, 늠름한 청년이었던 남편이 청혼했을 때 어찌나 가슴이 뛰던지요.

감격한 나머지 이리저리 돌아다니다 그만 탁자 위의 이 꽃병을 깨뜨리고 말았어요.

깨진 꽃병은 그날 내가 느낀 감격, 바로 그것이에요.

그래서 나는 이 꽃병을 눈에 잘 띄는 곳에 놓아두었어요."

할머니의 말에 사람들은 모두 꽃병을 바라보았다.

깨진 꽃병은 더없이 아름답게 빛나고 있었다.

푸른 꽃병, 세잔, 1885~1887년, 캔버스에 유채, 61×50㎝, 오르세 미술관, 프랑스 파리

프랑스 출신의 화가인 세잔은 입체파에 영향을 주어 '근대 미술의 아버지'라고도 불린다.

〈푸른 꽃병〉은 세잔의 작품 중 가장 아름다운 그림으로 꼽힌다. 꽃병과 과일, 럼주 병 등이 잘 배치되어 안정적이다.

그러나 그림자가 없어 일상적인 사물을 그린 것임에도 낯선 느낌을 준다.

테오에게 (1874.1.)

산책을 자주 하고 자연을 사랑했으면 좋겠다.

그것이 예술을 진정으로 이해할 수 있는 길이다.

화가는 자연을 이해하고 사랑하여, 평범한 사람들이

자연을 더 잘 볼 수 있도록 가르쳐 주는 사람이다.

화가들 중에는 좋지 않은 일은 결코 하지 않고,

나쁜 일은 결코 할 수 없는 사람들이 있다.

평범한 사람들 중에도 좋은 일만 하는 사람이 있듯…….

사이프러스 나무, 고흐, 1889년, 캔버스에 유채, 93.3×74㎝, 메트로폴리탄 미술관, 미국 뉴욕

네덜란드 출신의 인상파 화가인 고흐는 선명한 색채와 정열적인 느낌으로 유명하다. 〈사이프러스 나무〉는
하늘을 거스를 듯 꼿꼿이 선 사이프러스 나무를 그린 작품이다. 고흐는 해바라기 외에도 사이프러스 나무를 좋아하였다.
그림의 오른쪽에는 노란 초승달이 그려져 있어 밤을 그린 듯하지만 전체적인 분위기는 대낮 같다.

서시

윤동주 |1917~1945, 문학가|

죽는 날까지 하늘을 우러러
한 점 부끄럼이 없기를,
잎새에 이는 바람에도
나는 괴로워했다.

별을 노래하는 마음으로
모든 죽어 가는 것을 사랑해야지.
그리고 나한테 주어진 길을
걸어가야겠다.

오늘 밤에도 별이 바람에 스치운다.

별이 빛나는 밤, 고흐, 1889년, 캔버스에 유채, 73.7×92.1㎝, 뉴욕 현대 미술관, 미국 뉴욕

〈별이 빛나는 밤〉은 생 레미 마을을 배경으로 한 밤 풍경을 그린 작품이다.
그림의 왼쪽으로는 삼나무가 높이 솟아 있고, 교회 첨탑 너머로 멀리 언덕이 보인다. 하늘에는 달과 수많은 별이
거대한 빛을 발하며 성운과 같은 것들이 그림 전체를 역동적으로 느껴지게 한다.

노래의 날개 위에

하이네 |독일, 1797~1856, 문학가·평론가|

노래의 날개 위에
사랑하는 님, 당신을 실어 가리다.
저 멀리 갠지스의 평원으로,
그곳은 내가 아는 가장 아름다운 곳.

그곳에는 붉은 꽃 피어나는 정원이
고요한 월광月光을 받고 있다.
연꽃들도 사랑하는
자매를 기다리고 있다.

제비꽃들은 키득거리며 소곤거리며,
별들을 쳐다본다.
장미들은 은밀히 향기로운 동화를
서로의 귓속에 소곤거린다.

껑충거리며 지나가다 엿듣은
천진스런, 영리한 영양들
그리고 멀리서 출렁이는
성스러운 강물 소리.

그곳에 앉읍시다.
종려나무 아래
그리고 사랑과 안식을 마시며
행복한 꿈을 꿉시다.

입맞춤(키스), 클림트, 1907~1908년, 캔버스에 유채·금은박, 180×180㎝, 빈 미술사 박물관, 오스트리아 빈

오스트리아 출신 화가인 클림트는 귀금속 세공 기법과 동양적 장식 기법을 그림에 응용하여 독특하고 화려한 그림을 그렸다. 〈입맞춤(키스)〉는 클림트의 작품 중 가장 널리 알려져 있다. 꽃이 흩뿌려진 작은 초원 위의 연인 뒤로 후광이 비치는 듯하다. 무릎을 꿇고 있는 여성에게 입맞춤을 하는 남성의 옷은 타원과 곡선, 삼각형, 소용돌이 등 다양한 문양과 색채로 매우 화려하게 표현하였다.

효자는 효자를 낳는다

『명심보감』

효도하고 순한 사람은

효도하고 순한 자식을 낳으며

부모에게 거역한 사람은 거역하는 자식을 낳는다

믿지 못하겠거든 저 처마 끝의 낙수를 보라

방울방울 떨어짐에 어긋남이 없다

수하모우도, 김식, 1600년대, 종이에 담채, 98.5×57.6㎝, 국립 중앙 박물관

김식은 조선 중기의 문인화가로 산수화와 동물화를 잘 그렸으며 소 그림으로 유명하다. 〈수하모우도〉는 단순하게 표현된
산수를 배경으로 어미 소와 젖을 빠는 송아지의 모습을 그린 작품이다. 고삐 없이 자유로운 어미 소와 송아지는
농담의 변화로 음영을 살려 표현하였다. 또한 소의 매끈한 몸통과 새까만 눈, X자의 코에 둥글게 아래로 난 뿔 등이 평화롭다.

따스함으로 훈계하라

『채근담』

가족에게 잘못이 있으면

크게 화내지도, 가볍게 보아 넘기지도 마라.

잘못을 깨우쳐 주기 어렵다면

다른 일을 빌려 비유로써 깨닫게 하라.

오늘 깨닫지 못하면

다시 내일을 기다려 훈계하라.

봄바람이 언 땅을 녹이고

온기가 얼음장을 녹이듯 하라.

그것이 가정을 다스리는 규범이다.

포도도, 이계호, 1600년대, 종이에 담채, 29.9×45.3㎝, 간송 미술관

조선의 문인화가인 이계호는 포도 그림에 능하여 이름을 널리 알렸다. 〈포도도〉는 그가 그린 포도 그림 중
가장 일반적인 구도를 하고 있다. 왼쪽 위에서 시작된 굵은 가지가 비스듬히 완만한 곡선을 그리며 다시 위로 올라간다.
활짝 벌어진 나뭇잎 사이 가지에 달린 포도는 농담으로 알알이 표현되어 있다.

바람은 지나도 소리를 남기지 않는다

『채근담』

바람이 성긴 대숲에 불어와도

바람이 지나가면 그 소리를 남기지 않고,

기러기가 차가운 연못을 지나가도

기러기가 지나가고 나면

그 그림자를 남기지 않는다.

군자 또한

일이 생기면 비로소 마음이 나타나고

일이 지나고 나면 마음도 따라서 비워진다.

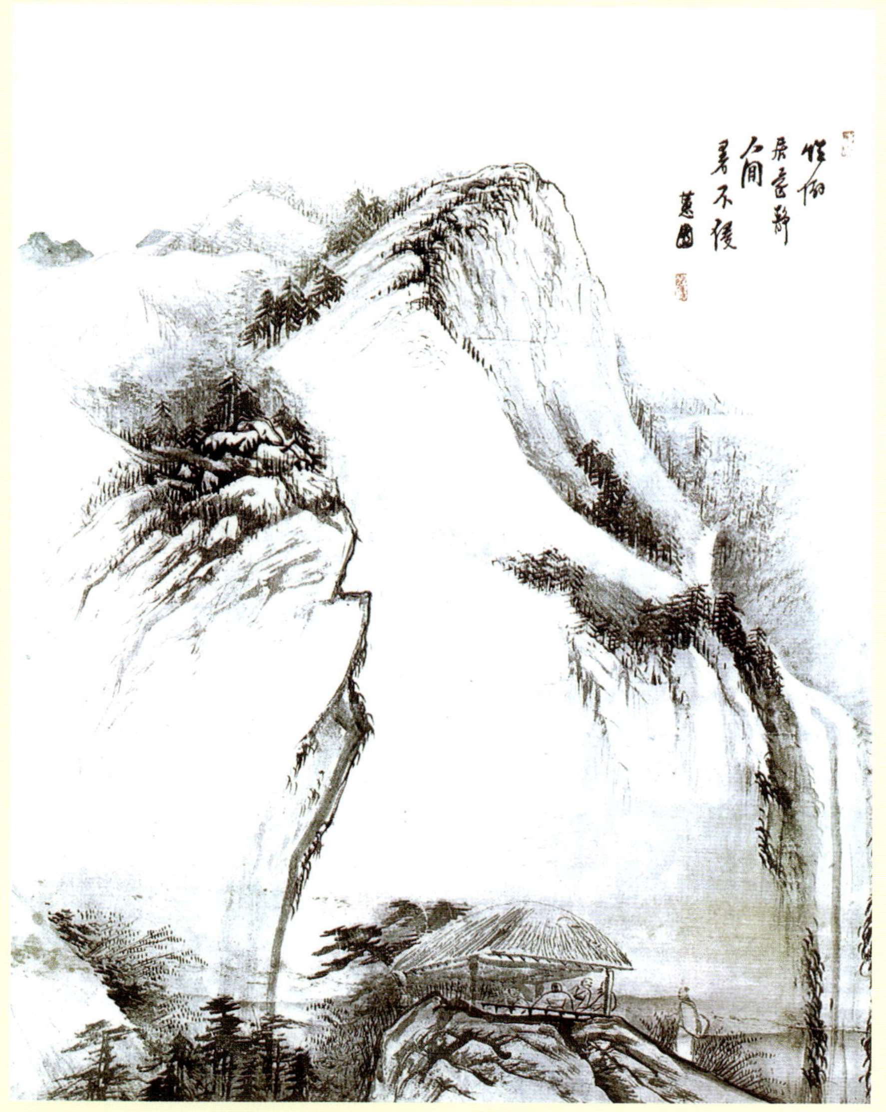

송정관폭도, 신윤복, 1700년대, 종이에 담채, 59.4×47.7㎝, 간송 미술관

조선 후기의 풍속화가인 신윤복은 조선의 3대 화가 중 한 명으로서 기녀와 양반 계층을 소재로 풍속화를 많이 그렸다.

소나무가 있는 정자를 그린 〈송정관폭도〉는 그가 풍속화뿐만 아니라 산수화에도 능했음을 보여 준다.

산의 오른쪽으로는 폭포가, 그 아래에는 폭포를 감상하는 노인들이 있다.

그림 위의 글씨는 '성품이 궁벽하니 거처가 도리어 고요하고 사람이 드무니 더위가 침범하지 않는다'라고 쓰어 있다.

고요한 가운데에도

『채근담』

움직이기 좋아하는 사람은
구름 속의 번개나
바람 앞의 흔들리는 등불과 같다.
고요함을 즐기는 사람은
불 꺼진 재나 마른 나뭇가지와 같다.
사람은 멈춘 구름이나 잔잔한 물과 같은 경지에서도
솔개가 날고 물고기가 뛰노는 기상이 있어야 하나니
이것이 바로
도를 깨우친 사람의 마음이다.

화접도 대련, 남계우, 1800년대, 종이에 채색,
각 127.9×28.8㎝, 국립 중앙 박물관

조선의 문인화가인 남계우는 채색화를
좋아하여 평생 나비와 꽃을 즐겨 그렸다.
〈화접도 대련〉에는 무리 지어 날고 있는
나비들 아래로 왼쪽에는 붉은 모란이,
오른쪽에는 보랏빛 붓꽃이 어우러져 있다.

매화

권필 | 1569~1612, 문학가 |

매

매화

얼음 뼈

옥 같은 뺨

섣달 다 가고

봄 오려 하는데

북쪽 아직 춥건만

남쪽 가지 꽃피웠네

안개 아침에 빛 가리고

달 저녁에 그림자 배회하니

찬 꽃술 비스듬히 대숲 넘나고

그윽한 향 날아 금 술잔에 드누나

고운 꽃송이 잔설에 떨어 안쓰럽더니

바람결에 날려 이끼에 지니 애석하도다

굳은 절개를 맑은 선비에 견줄 만함을 아니

그 우뚝함 말할진대 어찌 보통의 사람이라 하리

홀로 있음 사랑하여 시인이 보러 감은 용납하지만

시끄러움 싫어해 나비가 찾아옴은 허락지 않는도다

문노라, 조정에 올라 높은 정승의 지위에 뽑히는 것이

어찌 옛날 임포 놀던 서호의 위, 고산의 구석만 하겠는가

매화초옥도, 전기, 연대 미상, 종이에 채색, 29.4×33.2㎝, 국립 중앙 박물관

조선 후기의 문인화가인 전기는 김정희의 제자로 글과 그림에 모두 뛰어났지만 특히 산수화를 잘 그렸다.
〈매화초옥도〉는 매화가 흐드러지게 핀 가운데 초옥의 선비와 그를 찾아가는 이의 모습을 그린 작품이다. 눈 덮인 흰 산에 눈송이 같은 매화가 피어 있고, 그 가운데 초옥에는 문을 활짝 연 채 피리를 부는 선비가 앉아 있다. 왼쪽으로는 붉은 옷을 입고 그를 찾아가는 사람이 보인다. 전체적으로 고요하고 정다운 느낌을 준다.

2
안정성

균형 잡힌 시각을 길러 주세요

홀로 산창에 기대서니 밤기운 차가운데
매화나무 가지 끝엔 둥근 달이 오르네
구태여 부르지 않아도 산들바람 불어오니
맑은 향기 저절로 뜨락에 가득 차네

부모를 위한 12계명

한국지역사회교육협의회

1. 자녀를 나의 부속물로 생각하기보다는 독립된 인격체로 존중한다.

2. 자녀를 진심으로 사랑하되 절제 있는 사랑을 한다.

3. 서로 협력하여 일관된 철학으로 교육한다.

4. 자녀에게 지켜야 할 일과 해서는 안 되는 일이 있다는 것을 가르친다.

5. 일등이 되라고 가르치기보다는

   자기 맡은 일에서 최선을 다하는 자세를 가르친다.

6. 자녀에게 자기 일에 책임을 지는 독립심과 책임 의식을 길러 준다.

7. 자녀 개인의 성공뿐 아니라 이웃과 사회를 위해서

   도움이 될 사람으로 성장하도록 가르친다.

8. 자녀와 자연스럽게 항상 대화함으로써 자녀를 이해하려고 노력하고,

   이를 통해 문제를 예방하고 해결하도록 한다.

9. 공부를 대신해 주기보다는 공부하는 방법을 알려 주어 스스로 하도록 도와준다.

10. 자녀가 좋아하는 것 그리고 가장 잘하는 것이 무엇인지 관찰하여

    진로 결정을 도와준다.

11. 말로 하기보다 부모 스스로가 실천해 보임으로써 좋은 본을 보인다.

12. 좋은 교사가 되기 위해 계속 공부하고 성장해 가는 것을 게을리하지 않는다.

편지를 읽고 있는 여인, 베르메르, 1663~1664년, 캔버스에 유채, 46.5×39㎝, 암스테르담 국립 미술관, 네덜란드 암스테르담

〈편지를 읽고 있는 여인〉은 창으로 비쳐드는 빛 속에서 편지를 읽고 있는 여인을 그린 작품이다.

부드러운 햇빛과 어두운 가구, 주변의 소품과 주인공인 여인의 모습이 여유롭게 표현되어 있다. 여인은 움직임이 없어 보이지만 푸른색의 옷이 그림에 생기를 더한다.

씨 뿌리는 계절, 저녁

빅토르 위고 |프랑스, 1802~1885, 문학가|

지금은 황혼
나는 황홀히 바라본다, 문턱에 앉아,
노동의 마지막 시간이
비춰 주는 하루의 나머지를.
밤이 미역감긴 대지에서
나는 감동해서 바라본다.
미래의 수확을 밭고랑에
한 줌 가득 던지는 누더기 입은 한 노인을,
그의 키 큰 검은 실루엣은
어둠이 짙은 밭을 지배한다.
하루하루 지나감을 믿어도 좋으리라.
그는 넓은 들판을 따라 걷는다.
갔다 왔다 씨를 머얼리 뿌린다.
손을 다시 펴서는 다시 시작한다.
그리고 나는 생각에 잠긴다. 눈에 띄지 않은 증인이 되어,
그러는 동안, 닻을 내리며
어둠은, 소란한 소리와 뒤섞이어,
씨 뿌리는 농부의 엄숙한 모습은
별에까지 뻗치는 듯하다.

광대한 풍경, 코닝크, 1666년, 캔버스에 유채, 91×111.8㎝, 스코틀랜드 국립 미술관, 영국 에든버러

네덜란드의 화가인 코닝크는 렘브란트의 영향을 많이 받았으며 광대한 하늘과 평야를 그린 풍경화로 유명하다.
〈광대한 풍경〉은 드넓은 초원이 펼쳐진 모습을 그린 작품이다. 멀리 지평선이 아스라이 보이고,
지평선과 맞닿아 있는 하늘은 장대하다. 그 속에 매우 작게 그려진 인간은 자연에 순응하며 사는 모습을 보여 준다.

사랑

타고르 |인도, 1861~1941, 문학가·사상가|

사랑은 아름답게 장식하는 것

외면의 아름다움을 통해
내면의 환희를 증명하는 것

사랑은 소유를 주장하지 않고
자유를 베푸는 것

설명할 이유가 없기에
사랑은
영원한 불가사의

사랑의 선물은
주고받는 것이 아니라
다만 받아 주기를 기다리는 것.

그네, 프라고나르, 1767년, 캔버스에 유채, 56×46㎝, 랑비네 미술관, 프랑스 베르사유

프랑스의 화가인 프라고나르는 아이와 여인 등이 소재가 되는 풍속화를 주로 그렸다. 〈그네〉는 당시 어느 남작의 "그네 타는 여자를 그릴 것. 주교가 그네를 밀고, 그림 속 내 모습은 그네 타는 여자의 다리와 같은 높이에 오게 할 것"이란 주문으로 그려진 작품이다. 낙원과 같은 정원에서 즐거운 한때를 보내는 모습을 밝고 가볍게 표현하였다.

어항인가, 강물인가?

관상어 중 '고이'라는 잉어는 작은 어항에 넣어 두면
제아무리 커 봐야 8센티미터밖에 자라지 않는다.
그러나 커다란 수족관에 넣어 두면 25센티미터까지 자랄 수 있다.
그리고 강물에 방류해 주면 120센티미터까지도 자란다.
생활하는 세계에 따라 피라미가 될 수도 있고, 대어가 될 수도 있다.

어린아이도 마찬가지이다.
부모가 아이를 자신의 틀에 가두어 구속하지 말아야 한다.
틀은 감옥과도 같아, 그 안에서 자란 아이는 피라미가 된다.
훌륭한 부모는 자식을 자신의 틀에 가두지 않는다.

제노아 풍경, 코로, 1834년, 종이를 배접한 캔버스에 유채, 29.5×41.7㎝, 시카고 미술관, 미국 시카고

프랑스의 화가인 코로는 부드럽고 우아한 느낌의 풍경화를 많이 그렸으며, 인상파의 선구자 역할을 하였다.
〈제노아 풍경〉은 코로가 이탈리아를 찾아갔을 때 그린 것이다. 한낮에 보는 오래된 항구의 모습과 어우러진 바다가
섬세하게 표현되어 있다.

소년을 얕보지 마라

베이든 포엘 |영국, 1857~1941, 군인|

소년을 얕보지 마라.
그 아이의 집이 평범하고 보잘것없는 집이라고,
그 아이를 얕보지 마라.
에이브러햄 링컨의 집도 통나무집이었다.
그들의 부모가 무식하다고
소년을 얕보지 마라.
셰익스피어의 아버지는 그의 이름조차 쓸 수 없었다.
보잘것없는 직업을 택했다고 소년을 얕보지 마라.
『천로역정』의 저자 존 버니언도 땜장이였다.
육체적 결함이 있다고 해서 소년을 얕보지 마라.
밀턴도 맹인이 아니었던가.
소년을 얕보지 마라.
그들이 인생행로에 있어
언젠가는 앞장설 수 있어서가 아니라
그것은 옳은 일이 아니고,
불친절한 일이고, 온당치 않은 일이며,
무례한 일이기 때문이다.

피리 부는 소년, 마네, 1866년, 캔버스에 유채, 161×97㎝, 오르세 미술관, 프랑스 파리

프랑스 출신의 화가인 마네는 사실주의 화가이면서 '인상주의의 아버지'라고도 불린다.

〈피리 부는 소년〉은 피리를 불고 있는 황제 친위대 곡예단의 소년을 그린 작품이다. 회색 배경에 경찰모를 쓰고

붉은 바지를 입은 소년이 마치 배경 위에 인물 그림을 오려 붙인 듯하면서도 실재적으로 보인다.

나무 열매

『탈무드』

어떤 노인이 뜰에 나무 묘목을 심고 있었다.

그때 마침, 그곳을 지나던 젊은이가 노인에게 물었다.

"할아버지, 언제쯤 그 나무에 열매가 열릴 것 같습니까?"

그러자 노인이 대답했다.

"한 30년은 지나야 열리지 않겠소."

"할아버지는 30년 뒤까지 사실 수 있을 거라고 믿으십니까?"

젊은이가 놀란 듯 묻자, 노인은 다시 대답했다.

"그렇지 않소. 하지만 젊은이, 내가 태어났을 때 우리 집 앞마당에는

열매가 주렁주렁 열려 있었소. 그 나무는 내가 태어나기도 전에

우리 할아버지가 나를 위해 심어 놓은 것이었지.

그러니 나도 손자들을 위해 나무를 심어야 하지 않겠나."

사과와 석류가 있는 정물, 쿠르베, 1871~1872년, 캔버스에 유채, 44×61㎝, 런던 내셔널 갤러리, 영국 런던

프랑스 사실주의의 대표적인 화가인 쿠르베는 당시 유행하던 화풍을 따르지 않고 지극히 사실적인 분위기의 그림을 그렸다.
〈사과와 석류가 있는 정물〉은 약간 어두운 배경 속에서 빛나는 듯 윤기 어린 사과와 석류 그리고 물통을 그린 그림이다.

함께 있되 거리를 두라

칼릴 지브란 |레바논, 1883~1931, 철학자·화가·문학가|

함께 있되 거리를 두라.

그래서 하늘 바람이 너희 사이에서 춤추게 하라.

서로 사랑하라.

그러나 사랑으로 구속하지는 마라.

그보다 너희 혼과 혼의 두 언덕 사이에 출렁이는 바다를 놓아두라.

서로의 잔을 채워 주되 한쪽의 잔만을 마시지 마라.

서로의 빵을 주되 한쪽의 빵만을 먹지 마라.

함께 노래하고 춤추며 즐거워하되 서로는 혼자 있게 하라.

마치 현악기의 줄들이 하나의 음악을 울릴지라도 줄은 혼자이듯.

서로 가슴을 주라.

그러나 서로의 가슴속에 묶어 두지는 마라.

오직 큰 생명의 손길만이 너희의 가슴을 간직할 수 있다.

함께 서 있으라.

그러나 너무 가까이 서 있지는 마라.

사원의 기둥들도 서로 떨어져 있고

참나무와 삼나무는 같은 그늘 속에선 자랄 수 없다.

아라베스크의 끝남, 드가, 1877년, 종이에 파스텔, 67×38㎝, 루브르 미술관, 프랑스 파리

프랑스의 화가인 드가는 인체의 자연스러운 움직임을 잘 표현하는 화가로 유명하다. 〈아라베스크의 끝남〉은 발레리나의
아름다운 자세를 그린 작품이다. 드가는 춤추는 여인들의 우아한 몸짓을 그림으로 즐겨 표현하였다.
'아라베스크'는 발레리나의 몸이 아름답게 보이는 동작 중 하나로 그림에서 발레리나는 양팔을 벌리고 한쪽 발을 들고 있다.

반쪽 그리고 하나

한 엄마가 사과 두 개를 들고 놀이터에서 놀고 있는 두 아이를 불렀다.

달려온 아이들이 엄마가 주는 사과를 하나씩 받아 막 먹으려고 할 때였다.

옆에서 이 모습을 지켜보던 노인이 느닷없이 달려들어

아이들의 손에 들린 사과를 빼앗았다.

그러더니 사과 하나를 반으로 쪼개 두 아이에게 각각 반쪽씩 주었다.

엄마는 노인의 행동에 놀라 물었다.

"할아버지, 왜 그러시는 거예요?

하나씩 주는 거나, 반으로 나누어 주는 거나 먹는 것은 마찬가지잖아요."

노인은 조용히 대답했다.

"반쪽을 받으면 둘이 합해야 하나가 된다는

소중한 사실을 알게 되기 때문이지요."

병과 사과 바구니가 있는 정물, 세잔, 1890~1894년, 캔버스에 유채, 65.5×81.3㎝, 시카고 현대 미술관, 미국 시카고

세잔의 그림에는 사과와 빵조각 같은 것들이 매우 맑고 투명하게 묘사되어 있다.

그 대표적인 작품이 〈병과 사과 바구니가 있는 정물〉이다. 세잔은 명료함과 간결함, 밝은 색채 등을 사과로 표현해냈다.

또한 흐트러져 있는 듯하면서도 조화로운 모습이 균형 잡혀 있다.

현재의 생각을 지켜라

『법구경』

슬픔이 있으면 기쁨이 있고, 기쁨이 있으면 슬픔도 있다.

그러므로 기쁨과 슬픔의 양 극단을 잘 조복調伏시키고 다스려

선도 없고 악도 없을 때 비로소 모든 집착에서 벗어날 수 있다.

지난날의 그림자만을 추억하고 그리워하면

꺾인 갈대와 같이 말라비틀어지고 초췌해질 것이다.

그러나 지난날의 일을 참회하고, 현재를 성실하게 살아간다면

몸도 마음도 건전해지리라.

지나간 과거에 매달리지도 말고 아직 오지 않은 미래를 기다리지도 마라.

오직 현재의 한 생각만을 굳게 지켜라.

그리하여 지금 할 일을 다음으로 미루지 마라.

지금 이 순간을 진실하고 굳세게 살아가는 것,

그것이 하루하루를 살아가는 최선의 길이다.

수련, 모네, 1906년, 캔버스에 유채, 89.5×93.3㎝, 시카고 현대 미술관, 미국 시카고

프랑스의 대표 인상파 화가인 모네는 항상 사물을 눈에 보이는 대로 그려야 한다고 생각했으며, 그의 작품에서 '인상파'라는 말이 생겨났다. 모네는 노년에 파리 근교의 연못 딸린 집으로 이사한 후 수련 작품을 많이 남겨 '수련의 화가'라고도 불린다. 〈수련〉도 그중 하나로 연못에 떠 있는 수련과 물의 흐름, 흘러가는 구름이 연못에 비치는 것까지 담아냈다.

가치의 가치

『도덕경』

찰흙을 뭉쳐서 그릇을 만들지만
속이 비어야 그릇으로서의 쓸모가 있고,
방문을 만듦으로써 방을 만들지만
속이 비어야 방으로서의 쓸모가 있다.
유의 가치는 무로써 얻어진다.

빨강·파랑·노랑의 컴퍼지션, 몬드리안, 1930년, 캔버스에 유채, 61×61㎝, 아몬드 바르토스 부부의 컬렉션

네덜란드 출신의 화가인 몬드리안은 자연을 단순화시켜 수직과 수평의 선 그리고 그 선이 만나 생기는 공간으로 표현하는 기하학적 추상화를 처음 선보였다. 그는 자연이 끊임없이 변화하지만 근본적으로는 절대적인 규칙에 따라 움직인다고 생각해 공간을 자연의 삼원색으로 채워 가며 작품을 만들었다. 〈빨강·파랑·노랑의 컴퍼지션〉도 그중 하나이다.

어머니의 사랑

에리히 프롬 |미국, 1900~1980, 심리학자|

어머니는 자기 안에서 자라나는 태아에게 자기 자신을 주고,

그 아이가 태어나서는 젖과 체온을 준다.

주지 않으면 오히려 고통스러운 것,

그것이 바로 사랑이다.

꽃을 사랑한다고 말하면서

꽃에 물 주는 것을 잊어버린 사람을 본다면

아무도 그가 꽃을 진실로 사랑한다고 믿지 않을 것이다.

사랑하고 있는 대상에 대한 적극적인 관심,

그것이 진정한 사랑이다.

어머니의 사랑은 본질적으로 무조건이다.

어머니가 갓난아기를 사랑하는 것은

어떤 특별한 조건을 만족시켜 주었다든가,

어떤 특별한 기대에 맞는 행동을 했기 때문이 아니라

단지 그녀의 아이이기 때문이다.

모견도, 이암, 1500년대, 종이에 담채, 73.2×42.4㎝, 국립 중앙 박물관

이암은 세종의 넷째 아들인 임영대군의 증손자로 왕실 출신의 화가이다. 그는 꽃 그림과 동물화를 잘 그렸다. 〈모견도〉는 어미의 젖을 들여다보는 강아지를 그린 작품이다. 우산 같은 나무 아래에 덤덤한 표정의 어미 개와 어미 개의 젖가슴을 파고드는 강아지들의 정겹고 천진난만한 모습이 사실적이고 섬세하게 담겨 있다.

천국의 그림자

아미엘 |스위스, 1821~1881, 철학자·문학가|

어린이의 존재는 이 세상에서 가장 빛나는 은혜다.
죄악에 물들지 않은 어린이의 생명체는 한없이 고귀하다.
우리는 어린이들에게서 아름다움을 발견하고 행복을 느낀다.
어린이들에게서만 이 세상에서 천국의 그림자를 엿볼 수 있다.
어린이의 생활은 고스란히 천국에 속한다.

동자견려도, 김시,
1500년대, 비단에 담채, 111×46㎝,
삼성 미술관 리움

조선 시대 도화서의 화가였던 김시는
조선 초기와 중기 미술을 잇는
다리 역할을 하였다.
〈동자견려도〉는 오래된 소나무 아래
개울가에 꾀부리는 나귀를 끄는 소년이
실감나게 그려진 작품이다.

엿새째

『탈무드』

성서에 의하면 세계는

하루, 이틀, 사흘, 나흘, 닷새, 엿새에 걸쳐 만들어졌다.

마지막 엿새째 세계는 오늘과 같은 모습으로 완성되었다.

그중에서도 인간은 마지막 엿새째에 만들어졌다.

그렇다면 왜 인간은 마지막으로 만들어졌을까?

당신은 그 의미를 어떻게 해석하는가?

파리 한 마리도 인간보다 먼저 만들어졌다는 사실을 명심하라.

그렇다면 인간은 결코 오만해질 수 없다.

박연폭포, 정선,
1750년 이후, 종이에 수묵, 119.4×51.9㎝,
개인 소장

박연폭포의 힘찬 물줄기와 육중한
바위 절벽이 그려진 그림이다.
수직으로 떨어지는 폭포의 흰 물줄기를
강조하기 위해 양옆 벼랑은 짙게 칠하였다.
폭포 아래쪽에는 정자와 도포 입은 선비들이
그려져 있고, 폭포 위 절벽에는 성문이 있다.

가르침의 방법

아이들 교육에 신경을 많이 쓰는 어느 젊은 아버지가
이웃을 찾아갔다. 그들은 정원에서 아이들에 대한
이야기를 나누었다. 젊은 아버지가 물었다.
"부모는 아이들에게 얼마나 엄격해야 합니까?"
이웃 사람은 두꺼운 나무와 가늘고 어린나무 사이에
묶인 밧줄을 가리키며 말했다.
"이 밧줄을 풀어 보시오."
젊은 아버지가 밧줄을 풀자마자 어린나무는 굽어 버렸다.
그러자 이웃 사람은 다시 말했다.
"이제 다시 밧줄을 묶어 보시오."
밧줄을 묶자, 어린나무는 똑바로 서게 되었다.
"보시오. 아이들도 마찬가지라오. 부모는 아이들에게 엄격해야 하지만
가끔은 밧줄을 풀어 줘야 하오. 아이들이 자라는 것을 보시오.
만일 아이들이 혼자 설 수 없으면 밧줄로 단단히 묶어 주어야 하오.
하지만 아이들이 독립하면 밧줄을 없애야 한다오."

서당, 김홍도, 1700년대, 종이에 수묵담채, 27×22.7㎝, 국립 중앙 박물관

서당의 풍경을 그린 그림이다. 수염이 덥수룩한 훈장님 곁에는 회초리가 놓여 있고,

그 앞으로 한 손으로 눈물을 훔치면서 다른 한 손으로는 대님을 풀며 매 맞을 준비를 하는 아이가 앉아 있다.

주변에 둥글게 앉은 나머지 아이들은 키득거리며 웃고 있다.

병아리

윤동주 |1917~1945, 문학가 |

"뾰, 뾰, 뾰
엄마 젖 좀 주"
병아리 소리

"꺽, 꺽, 꺽
오냐 좀 기다려"
엄마 닭 소리

좀 있다가
병아리들은
엄마 품속으로
다 들어갔지요.

계자도, 변상벽,
1700년대, 비단에 수묵담채, 94.4×44.3㎝,
국립 중앙 박물관

조선 후기 화원 화가인 변상벽은
인물 묘사와 더불어 고양이 그림을
섬세하게 그렸다.
〈계자도〉는 바위 밑의 어미 닭이
병아리들을 챙기는 모습을
그린 작품이다. 커다란 바위 아래
어미 닭이 벌레를 물어 와 병아리를
먹인다. 색색이 다른 병아리들은
제각기 어미의 품에 파고들거나 모이를
먹거나 돌아다니고 있다.

달밤에 도산에서 매화를 읊다

이황, 「도산월야영매」 중 | 1501~1570, 철학자 |

홀로 산창에 기대서니 밤기운 차가운데
매화나무 가지 끝엔 둥근 달이 오르네
구태여 부르지 않아도 산들바람 불어오니
맑은 향기 저절로 뜨락에 가득 차네

뜰을 거니노라니 달이 나를 따라오네
매화 언저리를 몇 번이나 돌았던고
밤 깊도록 오래 앉아 일어나기를 잊었더니
옷 가득 향기 스미고 달그림자 몸에 닿네

늦게 피는 매화꽃, 참뜻을 새삼 알겠네
일부러 내가 추위에 약한 것을 알아서겠지
가련하다, 이 밤 내 병이 나을 수만 있다면
이 밤이 다 가도록 달과 마주하련만

홍매 대련, 조희룡,
1800년대, 종이에 담채, 각 127.5×30.2㎝,
개인 소장

조선 시대 김정희의 제자인 조희룡은
매화 작품을 많이 남겼다.
〈홍매 대련〉은 붉은 매화를 그린
작품으로 오른쪽 그림은 윗부분에,
왼쪽 그림은 아랫부분에 중점을 두고
조화를 이루어 보는 사람의 눈길이
위아래로 오가며 그림을 고루
감상할 수 있다.

3 포용성

풍부한 정서력을 길러 주세요

남의 잘못을 보기 전에
나의 부끄러움을 알게 하시고
남을 탓하기 전에
나 자신을 나무라게 하소서.

어머니의 기도

캐리 마이어스

아이들을 이해하고
아이들의 말을 끝까지 들어주고
묻는 말에 일일이 친절하게
대답해 주도록 도와주소서.
면박을 주는 일이 없도록 하소서.

아이들이 우리를 공손히 대하길 바라는 것처럼
우리가 잘못을 저질렀다고 느꼈을 때
아이들에게 잘못을 말하고
용서를 빌 수 있는 용기를 주소서.

아이들이 저지른 잘못에 대해
비웃거나 창피를 주거나
놀라지 않게 하여 주소서.

우리들의 마음속에 비열함을 없애
아이들에게 잔소리를
하지 않게 하여 주소서.

성가족, 렘브란트, 1645년, 캔버스에 유채, 117×91㎝, 에르미타주 미술관, 러시아 상트페테르부르크

네덜란드의 황금시대를 연 화가 렘브란트는 사실적인 표현과 더불어 색채·명암의 대조 표현으로 '빛과 어둠의 화가'라 불린다.
〈성가족〉은 가난한 목수의 집에 잠든 아기와 아기를 보살피는 어머니를 그린 작품이다. 아기가 누워 있는 요람뿐만 아니라
주변의 생활용품은 소박하지만 밝게 빛나는 듯 표현되어 있으며 천사는 가정의 평화로움을 나타내고 있다.

두 아들에게

김구, 『백범일지』 중 |1876~1949, 정치가·독립운동가|

너희가 아직 어리고 반만 리 먼 곳에 있어 수시로 나의 이야기를
말해 줄 수 없구나. 그래서 그간 내가 겪어 온 바를 간략히 적어
몇몇 동지에게 맡겨 너희가 아비의 경력을 알고 싶어 할 정도로 성장하거든
보여 주라고 부탁하였다.

지금 일지를 기록하는 것은 너희로 하여금 나를 본받으라는 것이 결코 아니다.
내가 진심으로 바라는 것은 너희 또한 대한민국의 한 사람이니,
동서고금의 많은 위인 중 가장 숭배할 만한 사람을 선택하여
배우고 본받게 하려는 것이다.

작은 새와 성가족, 무리요, 1650년경, 캔버스에 유채, 144×188㎝, 프라도 미술관, 에스파냐 마드리드

〈작은 새와 성가족〉은 아기 예수와 성모 마리아, 아버지 요셉이 함께 모여 앉아 있는 종교화를 일상적인 모습으로 친근하게 그린 작품이다. 왼쪽의 마리아는 감긴 실을 풀고 있고, 아직 걸음마를 못해 요셉에게 기대어 서 있는 예수는 손에 작은 새를 쥐고 강아지와 마주보고 있다.

순수한 마음

톨스토이, 『살아갈 날들을 위한 공부』 중 |러시아, 1828~1910, 문학가|

우리에게 필요한 것은 단 하나,
분노나 미움, 짜증과 적대감 없는
순수한 마음이다.

누군가에게 적대감을 느낀다면
그의 내면에 대해서 생각하라.
자기 자신에 대해서
혹은 자신의 정당함은 생각하지 마라.

고요한 내면의 생각을 통해
상대방의 선함을 찾아보라.
그리고 사람들과 어울릴 때는
가능한 한 공통점을 많이 발견하라.

누군가에게 화내는 일을 멈추고
평화와 용서, 사랑을 되찾으려면
자신과 그의 공통된 죄를 기억하라.

소년과 개, 무리요, 1650년대, 캔버스에 유채, 77.5×61.5㎝, 에르미타주 미술관, 러시아 상트페테르부르크

〈소년과 개〉는 바구니를 들고 개를 바라보며 웃고 있는 소년을 그린 작품이다. 바구니와 소년, 개가
매우 섬세하게 표현되어 있다. 소박한 옷차림의 소년의 모습이 매우 밝고 부드러워 평화로운 분위기가 풍긴다.

나를 위해 기도하게 하소서

나를 위해 기도하게 하소서.
남을 위해 기도하기 전에
나를 위해 먼저 눈물 흘리고
남을 사랑하기 전에
내가 먼저 사랑받도록 하소서.

내 마음의 호수가 잔잔해야
배를 띄울 수 있고
내 마음의 등불이 밝아야
길을 나설 수 있으며
내 가슴에 사랑이 있어야
남의 사랑을 느낄 수 있지요.

남의 잘못을 보기 전에
나의 부끄러움을 알게 하시고
남을 탓하기 전에
나 자신을 나무라게 하소서.

남 앞에 서기 전에
거울에 내 모습을 비추어 보듯
남에게 말하기 전에
그 말을 나에게 먼저 해 보고
그것이 아프면
부드러운 말로 고치게 하소서.

그러나 나를 향한 기도를 통해
내가 이기적이 되거나
교만하지 않도록,
언제나 겸손한 마음으로
남을 섬기고
진실로 사랑하게 하소서.

소녀 마리아, 수르바란, 1658~1660년, 캔버스에 유채, 73×53.5㎝, 에르미타주 미술관, 러시아 상트페테르부르크

에스파냐의 화가인 수르바란은 명암 대비를 강하게 하여 성직자와 수사, 수도원의 생활을 그림으로 그려 '수도사의 화가'라고 불렸다. 〈소녀 마리아〉는 어린 시절의 성모를 그린 작품이다. 의상과 장신구를 부분부분 사실적으로 묘사하였으며 앉아 있는 소녀의 기도하는 손과 눈빛은 성스러움을 강조하고 있다.

어떤 사람인가?

『탈무드』

현인은 누구냐?

모든 사람으로부터 배울 수 있는 사람이다.

강한 사람은 누구냐?

감정을 누를 줄 아는 사람이다.

풍부한 사람은 누구냐?

자기가 가지고 있는 것에 만족하는 사람이다.

사람에게 사랑받는 사람은 누구냐?

모든 사람을 칭찬하는 사람이다.

아이들에게 수프를 떠먹이는 어머니, 밀레, 1800년대, 캔버스에 유채, 74×60㎝, 릴 미술관, 프랑스 릴

프랑스의 화가인 밀레는 농촌의 생활상을 서정적이고 따뜻한 느낌으로 그렸다. 〈아이들에게 수프를 떠먹이는 어머니〉는
문간에 앉은 아이들에게 음식을 먹이는 어머니를 그린 작품이다. 그림 왼쪽 구석에 밭을 가는 남자가 보이고,
몇 마리의 닭이 그 앞을 돌아다닌다. 어머니는 작은 의자에 앉아 작은 입을 새처럼 벌린 막내딸에게 음식을 주고 있다.

정의

폴 엘뤼아르 | 프랑스, 1895~1952, 문학가 |

포도로 포도주를 만들고
숯으로 불을 피우고
키스로 인간을 만드는 것
이것이 인간의 뜨거운 법칙이다

전쟁의 비참함에도 불구하고
죽음의 위험에도 불구하고
본연의 자태를 그대로 간직하는 것
이것이 인간의 가혹한 법칙이다

물을 빛으로
꿈을 현실로
적을 형제로 변하게 하는 것
이것이 인간의 부드러운 법칙이다

어린아이의 마음속 깊은 곳에서부터
최고 이성에 이르기까지
계속 자체를 완성시켜 가는
낡고도 새로운 법칙이다

양 치는 여인, 밀레, 1871~1874년, 캔버스에 유채, 70.9×91.4㎝, 시카고 미술관, 미국 시카고

농민의 아들이었던 밀레는 프랑스의 전원생활을 섬세하게 담아냈다. 밀레가 만년에 그린 〈양 치는 여인〉에서도
농촌의 평화로운 모습이 보인다. 나무가 심어진 푸른 언덕에 여인은 양을 치고 있고, 양들은 한가롭게 풀을 뜯는다.

행복이란 마음대로

『채근담』

행복이란 마음대로 구하지 못하나니
스스로 즐거운 정신을 길러
복을 부르는 바탕을 삼을 뿐이다.
재앙 또한 마음대로 피하지 못하나니
남을 해하는 마음을 없이 함으로써
재앙을 멀리하는 방도로 삼을 따름이다.

아스니에르에서의 물놀이, 쇠라, 1883~1884년, 캔버스에 유채, 200×300㎝, 런던 내셔널 갤러리, 영국 런던

프랑스의 화가인 쇠라는 광학 이론과 색채학을 바탕으로 점묘법을 만들었다. 점묘법으로 2년간 작업을 한 첫 작품이 〈아스니에르에서의 물놀이〉이다. 파리 교외인 아스니에르의 센 강에서 물놀이와 뱃놀이를 즐기는 사람들을 그린 작품으로, 평범한 일상의 한 장면이 빛나는 듯 묘사되어 있다.

아기의 기쁨

윌리엄 블레이크 | 영국, 1757~1827, 문학가 |

"전 이름이 없어요,
 태어난 지 이틀밖에 안 되었거든요."
 너를 무어라고 부를까?
"난 행복이에요,
 기쁨이 제 이름이랍니다."
 달콤한 기쁨 네게 있어라!

어여쁜 기쁨아!
달콤한 기쁨, 이틀바기야,
난 너를 달콤한 기쁨이라 부르겠다
웃음을 지어 보렴,
그동안 난 노래 불러 줄 터이니
달콤한 기쁨 네게 있어라

목욕, 카샛, 1891~1892년, 캔버스에 유채, 100.3×66cm, 시카고 아트 인스티튜트, 미국 시카고

미국의 인상파 여성 화가로 드가의 파스텔화에 영향을 받았다. 그녀는 평생 독신으로 살았지만
모정을 표현하는 작품을 많이 남겼다. 〈목욕〉은 젊은 어머니가 아기의 발을 씻겨 주고 있는 모습을 그린 작품이다.
풍족해 보이는 실내에 평화롭고 따스한 분위기가 아기에 대한 어머니의 애정을 표현하는 듯하다.

삶의 방식

채닝, 『핸드메이드 라이프』 중 |미국, 1780~1842, 성직자|

소박한 생활에 만족하며 사는 것.

사치보다는 우아함을 그리고 유행보다는 단정함을 추구하며 사는 것.

존경받는 것보다는 가치 있는 것.

부유한 것보다는 유복한 것.

열심히 공부하고 조용히 생각하며

점잖게 말하고 정직하게 행동하며

열린 마음으로 아이의 소리에도 귀를 기울이는 것.

모든 것을 달갑게 여기고 무슨 일이든 용감하게 하며

때를 기다릴 줄 알고, 절대 서두르지 않는 것.

그리하여 한마디로 평범한 것 속에서

영적이고 자발적인 것이 자라도록 내버려 두자는 것이다.

희망 II, 클림트, 1907~1908년, 캔버스에 유채, 110×110㎝, 뉴욕 현대 미술관

〈희망 II〉는 아이를 가진 어머니의 모습을 표현한 작품이다. 어머니는 자신의 배를 향해 고개를 숙이고
아기에게 속삭이는 듯, 기도하는 듯하다. 어머니의 발치에는 그녀를 지키는 듯한 여인 몇 명이 그녀와 같은 표정으로 있다.

아름다움

타고르 |인도, 1861~1941, 문학가·사상가|

아름다움은
완전한 거울로
자기 얼굴을 바라볼 때의
진실의 미소

아름다움은
우주 안의 완전한 조화 속에 있고
진실은 우주정신의 완전한 이해 속에 있다.

빨간 사슴, 마르크, 1912년, 캔버스에 유채, 70×100㎝, 뮌헨 미술관, 독일 뮌헨

독일의 표현주의 화가인 마르크는 자연을 좋아하여 동물들의 모습과 생태를 그린 작품을 많이 남겼다.
〈빨간 사슴〉은 자연의 한 상징으로서 사슴을 그린 작품이다. 흰 구름이 오가는 푸른 산꼭대기에 평화롭게 뛰노는
두 마리의 빨간 사슴이 우아하고 부드럽게 표현되어 있다.

하나의 영혼

톨스토이, 『살아갈 날들을 위한 공부』 중 | 러시아, 1828~1910, 문학가 |

강은 연못과 다르고
연못을 개울과 다르며
개울은 물그릇과 다르다.
하지만 강과 연못, 개울과 그릇은
모두 똑같은 물을 안고 있다.

건강한 어른, 아픈 아이, 가난한 노인도
겉모습은 서로 다르지만
누구에게나 똑같은 영혼이 깃들어 있다.
그 영혼이 모두에게 삶을 준다.

우리는 모든 사람, 모든 생명체와 하나이다.
그러니 사람뿐 아니라 모든 생명에도
우리 자신이
대접받고 싶은 대로 대해야 한다.

가지와 벌, 신사임당, 1500년대, 종이에 채색, 28.5×34㎝, 강릉 오죽헌 율곡 기념관

이이의 어머니로 널리 알려진 조선 중기의 예술가 신사임당은 시와 그림에 능하였다. 그중 '가지와 벌'은 8폭 병풍인 〈신사임당 초충도병〉 중 제1폭이다. 가지, 방아깨비, 개미, 나방, 벌 등이 등장한다. 개미 한 쌍과 방아깨비가 기어 다니고, 위쪽에는 나비와 벌, 나방이 날고 있다.

휴식

어느 나이 많은 남자와 청년이 아침 일찍, 같이 나무를 베러 갔다.

나이 많은 남자는 힘이 드는지 50분을 일하고 10분을 쉬며 천천히 일했고,

청년은 쉼 없이 부지런히 일을 해 나갔다.

어느새 날이 어둑해져 두 사람은 그날 하루 동안 벤 나무를 정리했다.

그런데 청년은 나이 많은 남자의 나무 벤 양을 보고 깜짝 놀랐다.

자신보다 훨씬 많은 양을 벴기 때문이었다.

당황한 청년은 나이 많은 남자에게 물었다.

"저보다 훨씬 많이 쉬셨으면서 이렇게 많은 일을 도대체 어떻게 하셨습니까?"

그러자 나이 많은 남자가 대답했다.

"이보게, 나는 자네가 일만 하는 동안 쉬면서 무뎌진 도끼날을 갈았다네."

목우도, 김두량, 1700년대, 종이에 담채, 31×51㎝, 평양 조선미술 박물관

조선의 도화서 화원으로 영조의 총애를 받은 김두량은 다방면의 그림을 잘 그렸으며 서양화법을 수용하였다.
〈목우도〉는 황소 치는 목동을 그린 작품이다. 버드나무 아래 소를 부리는 목동이 짚더미를 깔고 누워 낮잠을 자고,
그 곁으로 나무 둥치에 묶인 소는 풀을 뜯고 있다. 명암법을 사용하여 서양화풍을 드러내었다.

그대 위해 살과 뼈가 닳으셨네

『명심보감』

어린아이 오줌똥의 더러움은
그대 마음에 싫어하고 꺼림이 없고
늙은 어버이의 눈물과 침이 떨어짐은
도리어 미워하고 싫어하는 뜻이 있다
여섯 자의 그대 몸이 어디서 왔는가
어버이 정기와 피로 이루어졌네
그대에게 권하노니
늙은 어버이를 공경하여 대접하라
젊어 그대 위해 살과 뼈가 닳으셨으니

자모육아, 신한평, 연대 미상, 종이에 담채, 23.5×31㎝, 간송 미술관

조선 후기의 화원 화가로 산수와 인물, 화훼를 잘 그렸으며 풍속화의 대가 신윤복의 아버지이다.

〈자모육아〉는 배경 없이 아기에게 젖을 물린 어머니와 두 아이를 그린 작품이다. 신한평은 자식을 1남 2녀를 두어

이 그림은 자신의 처자식을 그린 것 아닌가 추정하고 있다.

굴속의 노인

일혼이 넘은 부모를 산에 내다 버리는 기로국에 효성 지극한 신하가 있었다.

그의 아버지가 일혼이 되었지만, 그는 부모를 산에 버릴 수 없었다.

그래서 뒤뜰에 아무도 모르게 굴을 파고 아버지를 모셨다.

그런데 이웃 강대국이 풀기 어려운 문제를 보내 트집을 잡기 시작하였다.

첫째 문제는 한 움큼의 물이 바다의 물보다 많은 경우를 설명하는 것이었다.

둘째 문제는 똑같은 암말 두 필 중 어미 말을 알아내라는 것이었다.

조정에서는 온 나라에 후한 상을 내걸었지만 아무도 문제를 풀지 못하였다.

그러자 신하는 굴속의 아버지를 찾아가 쉽게 답을 들을 수 있었다.

첫째 문제의 답은, 비록 한 움큼의 물이라도 늙은 부모나 병든 이에게 주면

그 공덕이 바다의 물보다 큰 것이라고 하였다.

둘째 문제의 답은, 두 필의 말에게 먹는 풀을 주었을 때

풀을 덜 먹고 다른 말에게 밀어 주는 말이 바로 어미라고 하였다.

신하로부터 문제의 답을 들은 왕이 크게 기뻐하며 그 비결과 소원을 물었다.

신하는 자신이 국법을 어긴 사실을 이야기하면서 노인을

산에 버리는 나쁜 법을 폐지할 것을 간청했다.

왕은 즉시 악법을 폐지하고 부모에게 효도하라고 온 나라에 명했다.

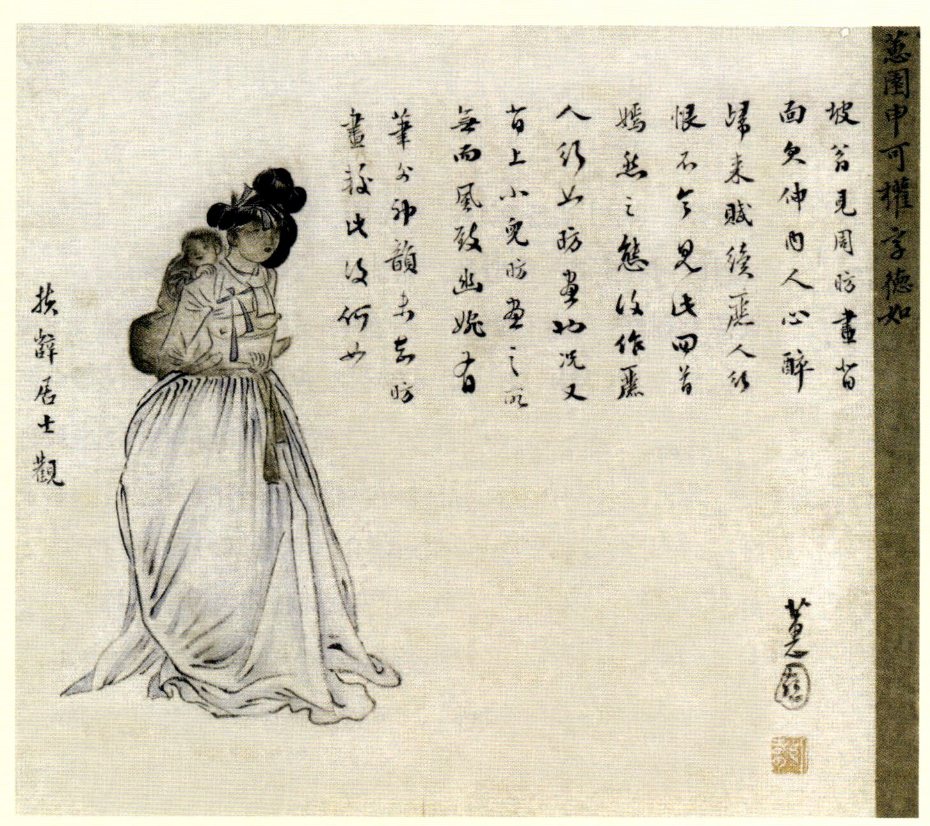

아기 업은 여인, 신윤복, 1700년대, 종이에 담채, 23.3×24.8㎝, 국립 중앙 박물관

〈아기 업은 여인〉은 젖먹이 어린아이를 등에 업은 여인의 모습을 그린 작품이다. 여인은 짧고 꼭 끼는 저고리 아래로 젖가슴이 드러나 있고, 가녀린 몸매에 항아리 같은 넓은 치마, 풍성한 가채를 얹어 기녀처럼 보인다.
그림 오른쪽의 글은 부설거사가 그림을 보고 쓴 글이 적혀 있다.

부모의 거짓말

『한비자』

증자의 아내가 시장에 가려는데 아들이 울면서 따라오자 말했다.

"돌아가 있어라. 시장에서 돌아오면 돼지를 삶아 주마."

그 말은 들은 아들은 더 이상 울고 보채지 않았다.

증자의 아내가 시장에서 돌아오니 증자가 돼지를 잡아 죽이려고 하였다.

그 모습을 본 증자의 아내는 깜짝 놀라며 증자를 말렸다.

"어린아이를 달래려고 한 거짓말일 뿐인데 귀한 돼지를 잡으면 어찌합니까?"

"어린아이는 아무것도 모르는 존재라 부모의 말과 행동을 보고 배우는 법이오.

지금 당신이 아이를 속이면 이는 자식에게 속이는 것을 가르치는 것 아니겠소.

어머니가 자식을 속이면 자식은 어머니를 믿지 않게 될 것이니,

이는 교육의 방법이 아니오."

말을 마친 증자는 돼지를 잡아 아들에게 삶아 주었다.

운낭자 27세상, 채용신,
연대 미상, 종이에 담채, 120.5×62㎝,
국립 중앙 박물관

조선 말부터 일제 강점기에 활동한 채용신은
전통 양식의 인물화를 그린 마지막 화가이다.
〈운낭자 27세상〉은 아기를 안은 운낭자를
사실적으로 그린 작품이다.
운낭자는 원래 평안남도 가산 군수의
소실이었으나 1811년 홍경래의 난 때 남편과
시부모가 죽자 시체를 거두어 장례를 지내고
죽어 가는 시동생을 간호하여 살려 냈다.
그 후 조정에서 운낭자를 표창하고
초상화를 그려 평양 의열사에 모셨다.

아내에게 보내는 편지

이중섭이 아내에게 보낸 편지 중

돈 걱정 때문에 너무 노심하다가

소중한 마음을 흐리게 하지 맙시다.

돈은 편리한 것이긴 하지만,

돈이 반드시 사람을 행복하게 해 주지는 못하오.

중요한 건 참 인간성의 일치요,

비록 가난하더라도 절대로 동요하지 않는

확고부동한 부부의 사랑 그것이오.

서로가 열렬히 사랑하고 사랑하고 사랑하고 사랑하고 사랑한다면

행복은 우리들 네 가족의 것이 아니겠소.

안심하시오.

가난해도 끄떡없는 우리들 네 가족의 멋진 미래를 확신하고

마음을 밝게 가집시다.

남덕의 귀여운 모든 것을 힘껏 안고 긴 입맞춤을 보내오.

가족, 이중섭, 1950년, 종이에 유채, 37×26㎝, 개인 소장

우리나라 현대 미술의 선구자인 이중섭은 서구적 표현주의 기법에 민족적 감성을 담은 독창적 작품을 그려 내었다.

그는 6·25전쟁 때 남으로 내려와 가족을 일본으로 보내고 홀로 남아 가족에 대한 그리움이 묻어나는 작품을 많이 만들었다.

〈가족〉은 네 식구가 하나 되어 행복한 모습을 그린 작품으로 그의 가족에 대한 극진한 사랑과 애정이 드러나고 있다.

4

표현성

창의적으로 소통하는 힘을 길러 주세요

서쪽 산마루를 뒤덮은
검푸른 소나무 숲 너머에,
다른 사람 눈엔 보이지 않는
내 요정 나라가 있다네.

모두가 사라진 뒤

시애틀 추장의 연설문 중 |미국, 두아미쉬·수쿠아미쉬족 추장|

인간은 생명의 그물을 짜는 것이 아니다.
다만 그 그물의 한 가닥에 불과하다. 그가 그 그물에
무슨 짓을 하든 그것은 곧 자신에게 하는 것이다.
갓난아이가 엄마의 심장 박동 소리를 사랑하듯
우리는 이 땅을 사랑한다. 그러니 우리 땅을 차지하더라도
우리가 그러했듯 온 힘과 마음을 다해
그대들의 아이들을 위해서라도 이 땅을 지키고 사랑해 달라.
신이 우리를 사랑하듯.
우리는 알고 있다. 만물은 마치 한 가족을 맺어 주는
피와도 같이 맺어져 있음을.

빛과 색채(괴테의 색채론), 터너, 1843년경, 캔버스에 유채, 77×77㎝, 테이트 브리튼 갤러리, 영국 런던

영국 출신의 화가로 주로 풍경을 소재로 그림을 그렸다. 〈빛과 색채(괴테의 색채론)〉은 터너가 괴테의 색채론을 읽고
색은 바로 빛의 표현이라는 영감을 얻어 그린 그림이다. 대홍수 다음 날 아침, 아라라트 산에 상륙한 모세가 창세기를 적는
모습을 묘사한 것으로, 그림 가운데 보이는 것은 모세의 지팡이이다. 하늘의 무지개가 구원의 약속과 희망을 나타내고 있다.

나는 세상을 바라본다

루돌프 슈타이너 |독일, 1861~1925, 사상가|

나는 세상을 바라본다.
그 안에는 태양이 비치고
그 안에는 별들이 빛나며
그 안에는 돌들이 놓여 있다.

그리고 그 안에는
식물들이 생기 있게 자라고
동물들이 사이좋게 거닐고
바로 그 안에
인간이 생명을 갖고 살고 있다.

나는 영혼을 바라본다.
그 안에는 신의 정신이 빛난다.
그것은 태양과 영혼의 빛 속에서,
세상 공간에서,
저기 저 바깥에도
그리고 영혼 깊은 곳 내부에서도
활동하고 있다.

그 신의 정신에
나를 향할 수 있기를
공부하고 일할 힘과 축복이
나의 깊은 내부에서 자라나기를.

인상 : 해돋이, 모네, 1872년, 캔버스에 유채, 48×63㎝, 마르모탕 미술관, 프랑스 파리

〈인상 : 해돋이〉는 해가 막 떠오르는 풍경을 그린 작품이다. 해가 뜨는 순간의 변화를 뚜렷한 사물의 형상을 나타내지 않고 표현해낸 것으로 거칠고 자유로운 붓놀림으로 그림을 그려 냈다. 시시각각 변하는 빛의 변화를 느낄 수 있다.

뭐가 있지?

크리스티나 로세티 |영국, 1830~1894, 문학가|

분홍에는 뭐가 있지?

샘가 장미꽃이 분홍

빨강에는 뭐가 있지?

보리밭 양귀비꽃이 빨강

파랑에는 뭐가 있지?

구름 떠다니는 하늘이 파랑

하양에는 뭐가 있지?

낮에 헤엄치는 고니가 하양

노랑에는 뭐가 있지?

맛좋고 달콤하게 익은 배가 노랑

초록에는 뭐가 있지?

작은 꽃들 틈에 잇는 풀잎이 초록

보라에는 뭐가 있지?

여름날 해뜨기 전 구름이 보라

오렌지색에는 뭐가 있지?

그건 오렌지가 바로 오렌지야!

아르장퇴유의 뜰, 모네, 1872년, 캔버스에 유채, 60.8×74㎝, 시카고 미술관, 미국 시카고

모네는 1872년에 파리의 북쪽에 있는 아르장퇴유로 이주하여 아르장퇴유를 배경으로 하는 작품을 많이 남겼다.
〈아르장퇴유의 뜰〉은 집 앞 뜰에서 놀고 있는 어린아이를 그린 작품이다. 중앙에는 한창 놀고 있는 어린아이가 있고,
그 오른쪽으로는 한 여인이 소녀를 바라본다. 나무와 항아리, 건물과 풀꽃의 색이 조화를 이루어 밝고 따뜻한 느낌을 준다.

만일

러디어드 키플링, 「만일」 중 |영국, 1865~1936, 문학가|

만일 네가 모든 걸 잃고 모두가 너를 비난할 때
너 자신이 머리를 똑바로 쳐들 수 있다면
만일 모든 사람이 너를 의심할 때
너 자신은 스스로를 신뢰할 수 있다면

만일 네가 기다릴 수 있고
또한 기다림에 지치지 않을 수 있다면
거짓이 들리더라도 거짓과 타협하지 않으며
미움을 받더라도 그 미움에 지지 않을 수 있다면

만일 네가 꿈을 갖더라도
그 꿈의 노예가 되지 않을 수 있다면

그리고 만일 네가 도저히 용서할 수 없는 1분을
거리를 두고 바라보는 60초로 대신할 수 있다면

그렇다면 세상은 너의 것이며
너는 비로소
한 사람의 어른이 되는 것이다.

테라스에서(두 자매), 르누아르, 1881년, 캔버스에 유채, 100.6×81㎝, 시카고 현대 미술관, 미국 시카고

〈테라스에서(두 자매)〉는 두 소녀가 오후의 테라스에 앉아 여유로운 한때를 보내고 있는 모습을 그린 작품이다.

두 소녀의 살짝 물든 볼이 사랑스럽다. 꽃으로 가득한 모자와 바구니 역시 매우 화사한 느낌을 준다.

전체적으로 밝은 색채를 사용하여 생기 넘친다.

남의 일에 관심을

마르쿠스 아우렐리우스, 『명상록』 중 | 로마 제국, 121~180, 황제 |

공공의 이익과 관련되지 않는 한,

쓸데없이 남의 일에 관심을 기울여 당신의 인생을 허비하지 마라.

우리를 지배하는 이성을 어지럽히는 온갖 일에 관심을 두게 되면,

우리는 다른 일을 할 기회를 잃어버리기 때문이다.

그러므로 목적이 불분명하거나 무익한 일에 기울어지지 않도록 해야 한다.

그리하여 어떤 사람이 갑자기,

"당신은 지금 무엇을 생각하고 있는가?"라고 물으면,

거침없이 당당하게 "이러이러한 것을 생각하고 있다"라고 답할 수 있어야 한다.

그랑드 자트 섬의 일요일 오후, 쇠라, 1884~1886년, 캔버스에 유채, 207.5×308㎝, 시카고 현대 미술관, 미국 시카고

〈그랑드 자트 섬의 일요일 오후〉는 센 강 주변에 있는 지역인 그랑드 자트 섬의 주말 풍경을 점묘법으로 표현한 작품이다.
쇠라는 이 작품을 만들기 위해 3년 동안 작업을 하였으며, 매일 아침 그랑드 자트 섬에 나가
여러 인물을 스케치하고 작업에 들어갔다. 밝은 색채에 많은 인물의 모습이 엄숙하게 느껴진다.

성공이란

랄프 왈도 에머슨 |미국, 1803~1882, 철학자·문학가|

자주 그리고 많이 웃는 것.

지각 있는 사람들로부터 존경을 받고

아이들이 따르는 어른이 되는 것.

정직한 비평가의 찬사를 듣고

거짓된 친구의 배반을 참아 내는 것.

아름다운 것이 무엇인지 알고

다른 사람이 갖고 있는 좋은 점을 찾아내는 것.

건강한 아이, 한 뙈기의 정원, 보다 나은 사회 환경과 같이

내가 태어나기 전보다

세상을 좀 더 나은 곳으로 만들고 떠나는 것.

내가 한때 이곳에 살았기에

단 한 사람의 인생이라도 행복해지는 것.

이것이 진정한 성공이다.

지베르니의 포플러, 모네, 1888년, 캔버스에 유채, 74.5×93㎝, 뉴욕 근대 미술관, 미국 뉴욕

지베르니 근교를 걷던 모네가 강가에 나란히 서 있는 포플러 나무가 만드는 수직과 수평의 공간의 모양을 보고
흥미를 느껴 만든 작품이다. 나란히 선 나무는 곧게 뻗어 올라가 있고, 그 밑동에는 풀잎들이 옆으로 누워 있다.
수십 그루의 포플러 나무가 생생하고 푸르게 자라는 모습을 보여 준다.

꿈

세실 프랜시스 알렉산더 |영국, 1818~1895, 문학가|

산 너머 저 산 너머에,
잿빛 화산 바위, 둥근 돌 너머,
서쪽 산마루를 뒤덮은
검푸른 소나무 숲 너머에,
다른 사람 눈엔 보이지 않는
내 요정 나라가 있다네.

과일은 모두 귀한 홍옥 같고,
시냇물은 유리처럼 맑다네.
황금 성이 하늘에 걸려 있고,
자줏빛 포도가 산더미같이 열리고,
당당한 기사들과 아름다운 여인들이
길을 따라 말을 타고 온다네.

아, 어쩌면 좋지! 사람들이 그러는데
깎아지른 낭떠러지 위에서
어느 쪽을 보아도 보이는 것은
탁 트인 들판과 먼지 덮인 산울타리뿐이라네.
하지만 난 알지, 내 요정 나라가
그 울타리 너머 어딘가에 있다는 걸.

뱀을 부리는 주술사, 루소, 1907년, 캔버스에 유채, 169×189㎝, 오르세 미술관, 프랑스 파리

프랑스 출신의 화가인 루소는 마흔아홉이 되어 그림을 그리기 시작했다. 생계를 위해 세관원으로 일하면서

일요일마다 그림을 그려 '일요화가'라는 별명을 얻었다. 〈뱀을 부리는 주술사〉는 환상적이며 이국적인 느낌의 밀림과

고대의 여신처럼 피리를 불어 뱀을 부리는 여인 그리고 달빛이 어우러져 신비스러운 일이 일어날 것 같은 느낌을 준다.

시도하라

피히테, 『독일 국민에게 고함』 중 |독일, 1762~1814, 철학자|

산에 오르려면 산을 보아야 하고,

강을 건너려면 강을 보아야 한다.

산을 보지 않고서는 산을 오를 수 없고,

강을 보지 않고서는 강을 건널 수 없다.

계곡이 깊으면 정상이 높고 강이 넓으면 물이 깊다.

깊은 계곡을 지나지 않고서는 정상에 오를 수 없으며,

깊은 물을 지나지 않고서는 강을 건널 수 없다.

언제나 우리는 높은 산을 바라보며 세상을 살아가고,

깊은 물을 바라보며 인생을 살아간다.

그리고 우리는 높은 산에 오르는 방법을 알고 있고,

깊은 물을 건너는 방법을 알고 있다.

다만 깊은 계곡이 싫어 산을 오르려 하지 않는 것이고,

깊은 물이 두려워 강을 건너려 하지 않을 뿐이다.

그러면서도 우리는 산이 높다 한탄하고 강이 깊다 탄식한다.

정상에 오르기 위해 혹은 강과 바다를 건너기 위해

험난한 계곡과 사나운 물살을 지나는 것은 당연한 이치가 아닌가?

그런데 정상을 꿈꾸면서 그리고 인생의 성공을 기대하면서

어찌 험한 산과 물을 두려워하는 것인가?

마르세유 항 입구, 시냐크, 1911년, 캔버스에 유채, 127.5×160㎝, 파리 근대 미술관, 프랑스 파리

프랑스 출신의 화가인 시냐크는 큰 점을 이용한 모자이크 같은 묘사법의 풍경화를 많이 남겼다.
주로 바다나 항구를 그렸는데 〈마르세유 항 입구〉는 쇠라의 기법을 한층 발전시킨 작품이다.
따뜻한 색채로 그려 낸 항구는 활기차고 빛나는 듯하다.

향수

정지용 |1903~1950, 문학가|

넓은 벌 동쪽 끝으로
옛이야기 지즐대는 실개천이 휘돌아 나가고
얼룩백이 황소가
해설피 금빛 게으른 울음을 우는 곳

- 그곳이 참하 꿈엔들 잊힐 리야

질화로에 재가 식어지면
비인 밭에 밤바람 소리 말을 달리고
엷은 조름에 겨운 늙으신 이버지가
짚베개를 돋아 고이시는 곳

- 그곳이 참하 꿈엔들 잊힐 리야

흙에서 자란 내 마음
파아란 하늘빛이 그리워
함부로 쏜 화살을 찾으러
풀섶 이슬에 함초롬 휘적시던 곳

- 그곳이 참하 꿈엔들 잊힐 리야

전설 바다에 춤추는 밤물결 같은
검은 귀밑머리 날리는 어린 누이와
아무렇지도 않고 예쁠 것도 없는
사철 발 벗은 안해가
따가운 햇살을 등에 지고 이삭 줍던 곳

- 그곳이 참하 꿈엔들 잊힐 리야

나와 마을, 샤갈, 1911년, 캔버스에 유채, 192.1×151.4㎝, 뉴욕 현대 미술관, 미국 뉴욕

러시아에서 태어나 파리에서 주로 활동한 화가인 샤갈은 환상적이고 동화적인 작품으로 유명하다. 〈나와 마을〉은 어린 시절 고향을 떠나 프랑스에서 그림 공부를 하며 살던 샤갈이 고향을 그리워하는 마음으로 그린 그림이다.

오른쪽에 초록색으로 그려진 얼굴은 샤갈을 뜻하며, 그가 간직한 고향에 대한 추억이 동화적인 색감으로 표현되어 있다.

폭풍, 그 당당한 음악

월터 휘트먼, 「폭풍 그 당당한 음악」 중 |미국, 1819~1892, 문학가 |

우주의 모든 소리로 나를 채워라

그들의 치렁치렁한 겉옷을 내게도 허락하소서

자연 또한 폭풍우든 물소리든 바람 소리든

오페라든 찬송가든 행진곡이든 무도곡이든

내뿜어라 퍼부어라 다 들으리라

부스스 잠에서 깨리라 잠시 머뭇거리고

꿈속의 음악을 생각하고 모든 추억을 떠올리고

분노의 질풍, 소프라노와 테너,

종교적 열정에 불타는 동양의 춤들

간드러진 소리를 내는 악기들, 오르간의 선율

사랑과 비통함과 죽음의 꾸밈없는 탄식 소리

조용하고 묘한 내 영혼이여 선잠 자는 침대 밖으로 나오라

오라, 내가 그리도 찾던 실마리를 발견했노라

힘차게 나아가자 우리의 나날들을 즐겁게 세면서

세계를 걸으며 천국의 꿈처럼 풍성하게 달려 나가자

즉흥 30, 칸딘스키, 1913년, 캔버스에 유채, 109.2×109.9㎝, 시카고 현대 미술관, 미국 시카고

러시아의 화가이자 예술 이론가인 칸딘스키는 선명하고 음악적인 느낌을 주는 색채에 기하학적이고 역동적인 형태를 그려 현대 추상 미술의 아버지라고 불린다. 〈즉흥 30〉은 〈대포〉라고도 불린다. 옅은 파랑은 플루트, 짙은 파랑은 첼로, 아주 짙은 파랑은 콘트라베이스 등 색채를 음악으로 표현했다.

아이들에 대하여

칼릴 지브란, 「아이들에 대하여」 중 |레바논, 1883~1931, 철학자·화가·문학가|

아기를 품에 안고 있던 한 여인이 말했다.

저희에게 아이들에 대하여 말씀해 주소서.

그는 말했다.

그대들의 아이라고 해서 그대들의 아이는 아닌 것.

아이들이란 스스로 갈망하는 삶의 딸이며 아들인 것을.

그대들을 거쳐 왔을 뿐 그대들에게서 온 것은 아니다.

그러므로 비록 지금 그대들과 함께 있을지라도

아이들이란 그대들의 소유는 아닌 것을.

그대들은 아이들에게 사랑을 줄 순 있으나

그대들의 생각까지 줄 순 없다.

왜?

아이들은 아이들 자신의 생각을 가졌으므로.

그대들은 아이들에게 육신의 집을 줄 순 있으나

영혼의 집마저 줄 순 없다.

왜?

아이들의 영혼은 내일의 집에 살고 있으므로.

그대들은 결코 찾아갈 수 없는,

꿈속에서도 가 볼 수 없는 내일의 집에.

그대들 아이들과 같이 되려 애쓰되

아이들을 그대들과 같이 만들려 애쓰지 마라.

세네치오, 클레, 1922년, 판지·거즈에 유채, 40.5×38㎝, 바젤 미술관, 스위스 바젤

독일 출신의 화가인 클레는 추상화를 그렸음에도 난해하지 않고 이해하기 쉬워 사람들에게 인기가 매우 높다.
〈세네치오〉는 선과 색, 면이 화가의 내면에서 나오는 에너지에 의해 움직인다는 자신의 이론에 따라 표현한 작품이다.
'세네치오'란 국화의 일종으로 꽃의 아름다움을 사랑스러운 소녀의 이미지로 표현했다.

가진 것에 만족하라

톨스토이 |러시아, 1828~1910, 문학가|

행복하지 않다면 자신을 탓할 수밖에 없다.
신은 우리 모두가 행복해지도록 창조했기 때문이다.
불행은 가질 수 없는 것을 원하는 데서 찾아온다.
행복한 이는 자신이 가진 것에 만족한다.

행복하지 못하다면 두 가지 변화를 꾀할 수 있다.
하나는 삶의 조건을 더 낫게 하는 것이고
다른 하나는 내적 영혼을 더 낫게 하는 것이다.
첫 번째는 늘 가능한 것은 아니지만
두 번째는 늘 가능하다.

고통도, 악도 없는 낙원에서 살고 싶은가?
그러면 마음을 자유로이 하고 사랑으로 가득 채워라.
원하는 낙원을 찾을 것이다.

즐거움을 추구하지 마라.
대신 자신이 하는 모든 일에서 즐거움을 찾아라.

붉은빛의 실내, 마티스, 1948년, 캔버스에 유채, 146×97㎝, 조르주 퐁피두 센터, 프랑스 파리

프랑스의 화가인 마티스는 피카소와 더불어 20세기 최고의 화가로 불린다. 마티스는 색이 경험과 감정 표현의 수단이라고 생각했다. 〈붉은빛의 실내〉는 마티스 자신의 작업실을 그린 작품이다.

현실과 상관없이 화면 구성에 필요하다고 생각한 생을 과감하게 선택하여 표현하였다.

가장 편안한 처세

『채근담』

작고 좁은 길에서는
한 걸음쯤 멈추어 남을 먼저 가게 하라.
맛있는 음식은
삼등분으로 덜어서
다른 사람에게 나누어 즐기게 하라.
이것이 세상살이의 가장 안락한 방법 중의 하나이다.

영통동구도, 강세황, 1700년대, 종이에 담채, 32.8×53.4㎝, 국립 중앙 박물관

조선 시대의 문인 화가인 강세황은 남종 문인화를 잘 그렸으며 서양화법을 응용해서 자신만의 그림을 그린 것으로 유명하다. 〈영통동구도〉는 송도 지방의 오관산에 있는 명승지 '영통동'을 그린 작품이다. 매우 커다란 산과 바위 사이에 난 길로 나귀를 탄 선비와 시중드는 아이가 걸어가고 있다. 수채화 같은 색깔로 바위와 산의 모습을 표현하여 매우 입체적이다.

사랑의 법

톨스토이, 『살아갈 날들을 위한 공부』 중 |러시아, 1828~1910, 문학가|

인도의 현자는 말했다.
"어머니가 자식을 보호하고 키우고 돌보는 것처럼
자신의 가장 귀중한 능력,
즉 타인을 사랑하는 능력을 보호하고 북돋아야 합니다."

타인을 사랑하고 사랑받을 때 우리는 선해진다.
결국 진정한 선은 사랑을 통해서만 드러나는 것이다.

사랑이 세상에서 가장 중요하다는 점을 이해한다면
사람을 만날 때 그가 어떤 쓸모를 가졌는지보다는
어떻게 그를 도울 수 있을지 생각하게 될 것이다.
그러면 자신만 생각할 때보다
더 좋은 결과를 얻을 것이다.

나는 어째서 사랑의 법을 믿고 따르는가?
그 결과는 무엇일까?
나는 알지 못한다.
하지만 내가 이를 따를수록 나와 다른 사람
모두에게 더 좋다는 점은 분명히 알고 있다.

우도, 조영석, 연대 미상, 종이에 수묵, 20×24.5㎝, 개인 소장

조선 후기의 문인화가인 조영석은 산수화와 인물화에 뛰어났으며 산수화, 동물화 등을 주로 그렸다.
또한 풍속화를 그려 조선 풍속화의 시작을 알린 인물 중 한 사람이다. 〈우도〉는 송아지에게 젖을 주는 어미 소의 모습을
그린 작품이다. 송아지와 어미 소가 묵의 선으로 매우 간략하지만 특징을 잘 살려 나타내었다.

삶의 태도

『잡보장경』

유리하다고 교만하지 말고 불리하다고 비굴하지 마라.

자기가 아는 대로 진실만을 말하여

주고받는 말마다 악을 막아 듣는 이에게 기쁨을 주어라.

무엇을 들었다고 쉽게 행동하지 말고

그것이 사실인지 깊이 생각하여 이치가 명확할 때 과감히 행동하라.

지나치게 인색하지 말고 성내거나 미워하지 마라.

이기심을 채우고자 정의를 등지지 말고

원망을 원망으로 갚지 마라.

위험에 직면하여 두려워 말고

이익을 위해 남을 모함하지 마라.

객기 부려 만용하지 말고 허약하여 비겁하지 마라.

사나우면 남들이 꺼리고 나약하면 남이 업신여기나니

사나움과 나약함을 버려 지혜롭게 중도를 지켜라.

태산 같은 자부심을 품고 누운 풀처럼 자기를 낮추어라.

역경을 참아 이겨 내고 형편이 잘 풀릴 때를 조심하라.

재물을 오물처럼 보고 터지는 분노를 잘 다스려라.

때와 처지를 살필 줄 알고 부귀와 쇠망이 교차함을 알라.

도원, 이중섭, 1953년경, 종이에 유채, 65×76㎝, 개인 소장

〈도원〉은 벌거벗은 네 아이들이 복숭아나무를 중심으로 놀고 있는 광경을 그린 작품이다. 이중섭이 남긴 그림 중 큰 편에 속하며, 그의 큰아들이 죽은 후 그린 그림이다. 크고 작은 봉우리와 물, 복숭아나무 등 전체적인 분위기가 낙원과도 같은 모습으로 아들이 천국에서 행복하게 지내길 바란 마음이 담겨 있다.

미뇽의 노래

괴테 |독일, 1749~1832, 문학가·사상가|

당신은 아시나요, 저 레몬꽃 피는 나라?

그늘진 잎 속에선 금빛 오렌지 빛나고

푸른 하늘에선 부드러운 바람 불어오고

감람나무는 고요히, 월계수는 드높이 서 있는 그 나라를 아시나요?

그곳으로! 그곳으로

가고 싶어요, 당신과 함께, 오 내 사랑이여!

당신은 아시나요, 그 집을? 둥근 기둥들이

지붕 떠받치고 있고, 홀은 휘황찬란, 방은 빛나고, 대리석 입상立像들이 날 바라보면서,

"가엾은 아이야, 무슨 몹쓸 일을 당했느냐?"고 묻는 곳,

그곳으로! 그곳으로

가고 싶어요, 당신과 함께, 오 내 보호자이여!

당신은 아시나요, 그 산, 구름다리를?

노새가 안개 속에서 제 갈 길을 찾고

동굴 속에는 해묵은 용들 살고

무너져 내리는 바위 위로는 다시

폭포수 쏟아지는 곳,

그곳으로! 그곳으로

우리의 갈 길 뻗쳐 있어요. 오 아버지, 우리 그리로 가요!

봄의 아이들, 이중섭, 1953년, 종이에 연필과 유채, 32.6×49.6㎝, 개인 소장

〈봄의 아이들〉은 천진한 아이들이 봄이 온 언덕에 뒹굴며 놀고 있는 모습을 표현한 작품이다. 따사로운 언덕에는
풀들이 솟아나고, 나무에는 꽃이 피었다. 개미들도 나와 아이들과 함께 놀고 있어, 자연과 하나 된 아이들의 모습이 간결하게
묘사되어 있다. 종이 위에 연필로 그림을 그리고 엷게 색을 칠해 대상이 매우 간단하면서도 선명하게 표현되었다.

우리 아이 생각의 힘을 키우는 도서

똑똑한 아이 낳는 두뇌 태교의 시작
태아의 종합적인 사고 능력을 키워 주는
4가지 테마의 태교 동화

생각하고 궁리하는 힘을 길러 주는 '사고력'
다르게 생각하는 힘을 키우는 '창의력'
알지 못하는 힘을 미루어 짐작해내는 '추리력'
옳고 그름을 논리적으로 판단할 수 있는 '판단력'

태아와 함께 4가지 테마의 재미있는 동화를 읽고,
같이 제공되는 〈두뇌 자극 똑똑한 클래식〉 CD를 감상해 보세요.
태아의 바르고 지혜로운 생각의 힘이 자라날 것입니다.

똑똑한 아이 낳는 태교 동화
글공작소 글 | 15,000원

**EQ 계발 손놀이
창의 쑥쑥 손유희**
이미향 글 | 28,000원

**EQ 계발 창의력 쑥쑥
99가지 아빠놀이**
프렌디 리서치 글 | 15,000원

엄마 뽀뽀 아가 뽀뽀
이승숙 역 · 우핀뤠이 그림
8,500원

나 진짜 화났어!
조형윤 글 · 그림
8,500원

똑똑한 아이 낳는 탈무드 태교 동화
글공작소 글 | 17,000원

똑똑한 아이를 낳는 지혜로운 태교의 시작
태아의 생각의 힘을 길러 주는
4가지 테마의 탈무드 태교 동화

목표를 이루는 '긍정적으로 생각하기'
창의력을 길러 주는 '다르게 생각하기'
소탐대실을 막아 주는 '깊이 있게 생각하기'
옳고 그름을 가려 주는 '가치 있게 생각하기'

『똑똑한 아이 낳는 탈무드 태교 동화』와 함께
'정서 자극 똑똑한 클래식'을 감상해 보세요.
사랑하는 태아와 산모가 따뜻한 교감을 나누고,
나아가 태아의 바르고 지혜로운 생각을 키우는 데 도움이 되는
행복한 태교의 밑거름이 될 것입니다.

똑똑한 아기를 만드는

두뇌계발 학습 놀이

알록달록 색깔 목욕탕
마스다 유코 글 | 하세가와 요시후미 그림
김정화 역 | 10,000원

생각하는 개 모코
마쓰시타 사유리 글·그림
정은지 역 | 10,000원